简约
卷

背景墙精选集

唐 建 林 林 迟家琦 吕 明 主编

辽宁科学技术出版社

·沈阳·

《背景墙精选集——简约卷》编委会

主　　编：唐　建　林　林　迟家琦　吕　明
副主编：潘镭镭　胡　杰　于　玲
编　　委：郭媛媛　席秀良　方虹博　武子熙　朱　琳　曹　水

图书在版编目（CIP）数据

背景墙精选集 . 简约卷 / 唐建等主编 .—沈阳：辽宁
科学技术出版社，2015.7
　　ISBN 978-7-5381-9203-2

　　Ⅰ . ①背… Ⅱ . ①唐… Ⅲ . ①住宅 - 装饰墙 - 室内装
饰设计 - 图集 Ⅳ . ① TU241-64

中国版本图书馆 CIP 数据核字（2015）第 075660 号

出版发行：辽宁科学技术出版社
　　　　　（地址：沈阳市和平区十一纬路 29 号 邮编：110003）
印 刷 者：辽宁一诺广告印务有限公司
经 销 者：各地新华书店
幅面尺寸：210mm×285mm
印　　张：5.5
字　　数：200 千字
出版时间：2015 年 7 月第 1 版
印刷时间：2015 年 7 月第 1 次印刷
责任编辑：王羿鸥
封面设计：魔杰设计
版式设计：融汇印务
责任校对：徐　跃

书　　号：ISBN 978-7-5381-9203-2
定　　价：34.80 元

联系电话：024-23284356
邮购热线：024-23284502
E-mail:40747947@qq.com
http://www.lnkj.com.cn

简约卷

目 录
CONTENTS

▶ 打造简约背景墙的三大法宝：
乳胶漆、墙格、挂画

乳胶漆：在家居装修中，最简单的墙面处理方式就是刷乳胶漆，所以注定其种类繁多，但是无论是什么品牌、什么名称、什么颜色，只要在选购的时候，牢牢记住三点即可：环保指标、使用寿命、遮盖力。

墙格：让单调的墙体变得立体，兼顾美丽和实用，这就是墙格，提供给我们合理的置物空间，同时又能让房间整洁宽敞，尤其对于小户型的房间来说，墙格的千变万化、新颖别致，十分实用。

挂画：如果突然感到家居空间不够简约，如果突然感到家居空间不够时尚，如果突然感到家居空间不够温馨，如果突然感到家居空间不够大气，只需要一幅挂画，就会重燃对家的爱意，收获一份意想不到的新鲜感。

设计要点

　　本案的客厅与餐厅通过地面的高差来划分空间，以空间的自然流畅、简洁实用为设计原则，使人尽享浑然天成的和谐之感。天然爵士白理石的电视背景墙成为整个空间的视觉中心，与沙发、茶几构成了半封闭的空间，展现出自由、融洽、和谐的待客交流与家庭团聚气氛。

设计要点

　　镂空雕花板一般选取实木、仿实木、奥松板、密度板等材料，具备视觉穿透、虚实多变、立体感强等特点，不仅可以作为装饰墙出现，也可以小面积地点缀在石膏板墙面中间，起到画龙点睛的装饰效果，在雕花板后搭配黑色烤漆玻璃或镜面，产生双重质感。镂空雕花板因其规格限制，需要根据室内设计考虑装饰区域的大小和位置。

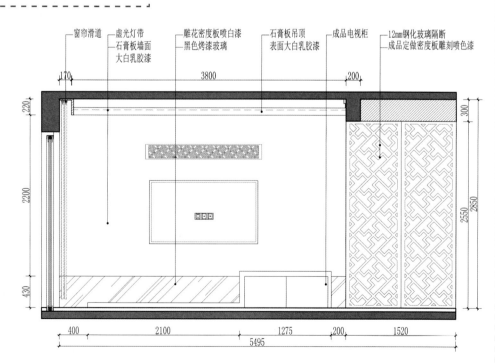

▶ 乳胶漆选购须知

挑选乳胶漆的方法总结为"一看、二闻、三擦、四摸":

一看:挑选乳胶漆的时候,首先要看涂料是否有沉淀、结块的现象。高品质的乳胶漆在一段时间的放置后,会形成吼吼的、有弹性的氧化膜,不易开裂,而品质稍差的乳胶漆只能形成一层很薄的氧化膜,容易开裂。

二闻:闻涂料是否有刺激性气味,环保乳胶漆应该是水性、无毒无味的,如果是带有香味的乳胶漆,也有可能是为了掩盖刺激性气味,所以要慎重购买。

三擦:将少许涂料刷于水泥墙上,涂层干后用湿布擦拭,高品质的乳胶漆是不会被擦掉的,而品质差的乳胶漆会经不起多次擦拭,出现掉粉、露底的现象。

四摸:用工具将乳胶漆搅拌后挑起,观察其形状,高品质的乳胶漆往下流的时候是呈扇面形,用手指摸一下,手感光滑、细腻。

设计要点

　　用石膏板进行简单的体块拼装，表现了横向的拉伸感和纵向的提升感。上下两端用玻璃代替石膏板，赋予整个背景墙丰富的层次感和空间感。纸面石膏板装饰内墙的方法一般是直接粘在墙上或在涂刷防潮剂后铺设龙骨（木龙骨或轻钢龙骨），再将石膏板镶钉在龙骨上，最后进行板面修饰。

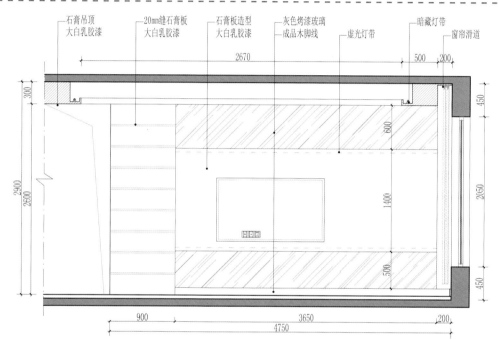

设计要点

　　将电视背景墙的功能扩大成客厅与餐厅的隔断，不失为一举两得的好设计，墙面扩出的镂空部分，摆放工艺品，让两个空间通透自然地有机结合，使这处背景墙美观而实用。

▶ 电视背景墙与电视柜的搭配

电视柜是与电视背景墙关系最为密切的家具，所以一定要搭配得体。在选购电视柜的时候，可以参考以下与电视背景墙搭配的两条原则：

1. 实用性与装饰性相统一。现代视听生活需要舒适、轻便、实用、多功能或组合式的电视柜。尤其从目前国内的设计需求来看，选择实用性与装饰性强的电视柜更为合适。

2. 明确电视柜的风格定位。电视柜种类很多，有的豪华富丽，有的端庄典雅，有的奇特新颖，有的则具有浓郁的乡土气息，具体风格可分为：现代、后现代、欧式、美式、中式、新古典、日式、简约、田园。面对琳琅满目的电视柜风格，许多人认为应该先把电视背景墙风格定下来，电视柜就照这个风格搬。但实际上，一些人选择先定电视柜风格，根据电视柜的规格设计背景墙，效果也很不错。

设计要点

客厅背景墙左右两侧采用对称式设计，正中间部分以白色木框内铺米黄花纹壁纸为视觉中心。三角形和菱形的木饰面板与镜面进行形体的穿插与组合，不仅提升了墙面的档次和观感，也反射扩大了室内空间。顶部在射灯的作用下形成光影环绕、层次感强烈的主题墙。镜子组装之前按照尺寸提前切割，直接用中性玻璃胶在玻璃的背面打胶点，用手按压一段时间即可。

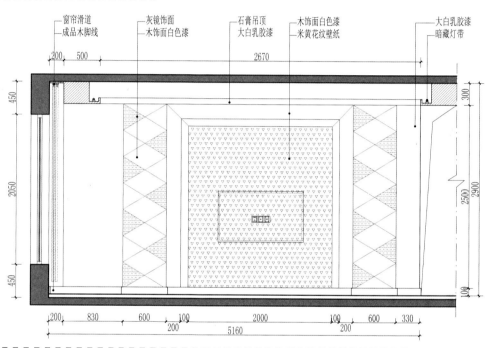

▶ 如何使电视背景墙和沙发背景墙 和谐统一

因两处背景墙的装饰核心分别是影音设备和沙发，因此，一般安排在客厅的视听区域要在位置上尽量与沙发相对。另外，由于两处背景墙都是同处于客厅空间内，所以总的来说，在电视背景墙与沙发背景墙的格调关系中，设计原则应该是"在融合中有亮点"，而不是"有突兀"。具体要遵照以下原则：

1. 要明确整个居室的设计主题，在该主题指导下进行电视背景墙与沙发背景墙的设计，才会同其他空间氛围相互协调。

2. 室内空间是由空间距离、进深、高度、面积因素组成，两处背景墙作为视觉的焦点，它们的面积大小和室内整个空间比例应协调，在设计中不能过大过小，要考虑室内不同角度的视觉效果。

3. 在电视背景墙与沙发背景墙的材料选择上，设计师应该统一考虑质感和氛围的效果关系，再根据实际情况进行合理区分、搭配和选择。

4. 造型是背景墙设计的关键所在，电视背景墙与沙发背景墙的造型设计可分为对称式（也称均衡式）、非对称式、复杂构成和简洁造型。但无论是什么造型，两个墙面应尽量保证一致性，即使有些变化，对比也不能过于强烈。

设计要点

深浅相间的砖石与镜面打造的墙面为空间奠定了华丽大气的基调。背景墙面积较大时，为了避免单调，一般可以采用两三种不同的材料进行搭配，如玻璃、木饰面板、大理石、壁纸等。砖石装饰湿贴方法：砖石粘贴前须在清水中浸泡2小时以上，取出晾干待用。首先要作基层处理，然后进行排砖、弹线、粘贴墙面砖。

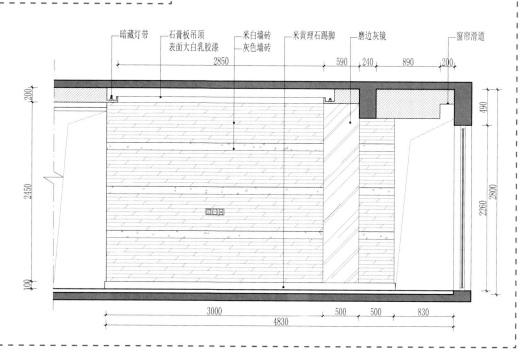

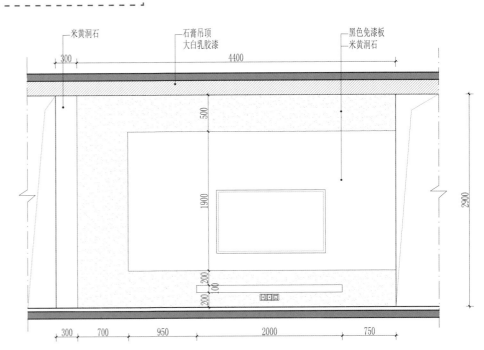

设计要点

　　在整体简约时尚的居室风格定位下，电视墙以简洁明快为主题，利用石膏板和大理石组合成完整的一面电视墙。石膏板粉刷黑色乳胶漆，与家具的色调相一致，米黄色的大理石一般使用在空间较大的房间中，其特殊的质感尽显奢华与典雅，二者的结合使简单的墙面产生丰富的层次变化。注意黑色作为背景墙设计应小面积使用，以免颜色略显压抑。

米黄洞石 300
石膏吊顶 大白乳胶漆 4400
黑色免漆板 米黄洞石
500
1900
200 100 200
2900
300 700 950 2000 750

▶ 客厅电视背景墙装修的造型宜忌

　　客厅的设计以风格统一、实用美观为主，电视背景墙的设计是客厅设计的重点，也是整个居室空间最为活跃的元素，但是如若处理不当，会产生很多问题。

　　首先，在进行客厅装修时，不要片面追求电视背景墙的突出效果，以牺牲和谐统一的空间感为代价的复杂造型，尤其是小户型，更加要以和谐统一的风格为前提。

　　其次，不要冲动地使用一些没有主题的怪诞造型，虽然在居住初期会给人一种新鲜感，但是，这种纯粹的形式终究是没有更深刻的意义，缺少文化和美学的内涵，时间久了，会让人产生厌倦之感。

　　同时，要合理地利用点、线、面造型元素的组合，遵循构成规律的设计，才能够打造实用并富有韵味的视觉效果。例如，采用线条的分割变化，可以调整墙面的比例和感觉。

　　有韵律的竖线条会产生高耸感，水平线条可产生开阔感。

　　最后需要注意的是，由于客厅是家人活动的中心，易产生灰尘，所以客厅电视背景墙的造型不宜有过多的凹凸变化，凹凸造型易积尘，而且打扫起来不方便。

设计要点

　　天然的大理石材质一般比较厚重，为保证安全一般采用双保险安装方法。即先把板材与基层骨架连接，再补胶水加固。首先，进行墙面的基层处理，将墙上浮灰、浮土清理干净后涂好防潮层。其次，在墙上钻孔埋入固定件，龙骨焊接墙体固定件，支撑架再焊接龙骨，要求龙骨安装牢固，与墙面相平整，将石板安装在支撑架上。最后，板与板之间的缝隙采用黏合处理。

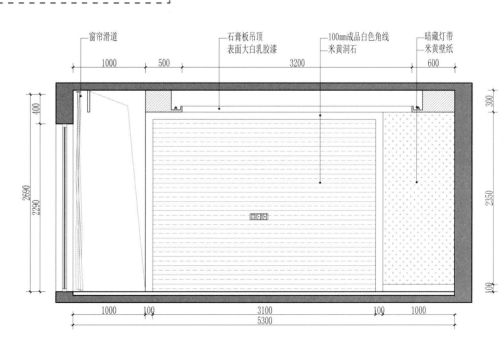

设计要点

　　以白色砖墙为主体的背景墙，灰色竖向线条的壁纸和实木条作为边角处理相结合，在整体设计上多运用分割线和竖线条，避免横线线条，形成一种纵向拉伸感，使层高在视觉上变高。在色彩上多使用冷色，冷色让人产生一种静谧的感觉，在小空间内把房间粉刷成冷色，通过冷色的调节使空间有增高、增大感；也可通过顶面浅色、墙面深色来延伸空间。

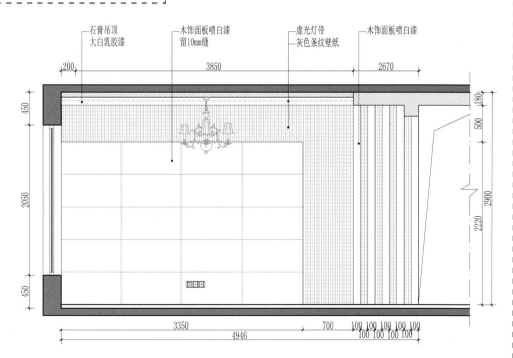

▶ "原木艺术"的背景墙设计

越来越多的人在关注和提倡环保无污染，而天然木材也变成热爱自然的人们的首要选择。木材质轻、有较强的弹性和韧性、没有或者含有极少的有害物质、未经污染简单加工，特别是木材的天然纹理、温暖的视觉和触觉感受等优势都是其他装饰材料无法比拟的。木材在电视背景墙的设计中应用非常广泛，比如背景造型、背景展示柜、装饰木板等，集装饰、收纳、展示为一体，都可用到木材饰面板。

木材用于电视背景墙的装饰时，主要从光泽、质地、纹样、质感这四个方面来考虑，虽然不同树种的木材有不同的质地和纹理，但是总体来说，给人温馨亲切和自然朴实的感觉，木材有自然大方和较适宜的装饰特性。最多的设计手法是将木板材的漆面做成开放漆，不论清油或者混油，效果都是很不错的。目前，"原木艺术"正流行于电视背景墙的设计潮流中。"原木艺术"是由保留着表皮的自然植物制作而成，所以既质朴自然，又具有现代美感，它的质感、肌理、色泽传达了一种亲切、乡土、浪漫的气息。"原木艺术"是一种把艺术感与环保意识相融合的设计理念，经过现代加工工艺生产的木材线条流畅、色泽鲜艳，表现了一种充满规则、秩序、技术的现代美感。

设计要点

以黑镜为背景搭配白色石膏板,强烈的色彩对比打造现代简约的电视背景墙。考虑镜子易碎的特点,镜子安装的坚固性尤为重要。将黑镜按照尺寸进行切割后运往家中进行安装,首先要将基面的灰尘、脏污处理干净,钉木龙骨架,钉衬板,最后用环氧树脂把玻璃粘在衬板上。安装时严禁随意锤击和撬动,注意镜子边缘与石膏板的交接处理。

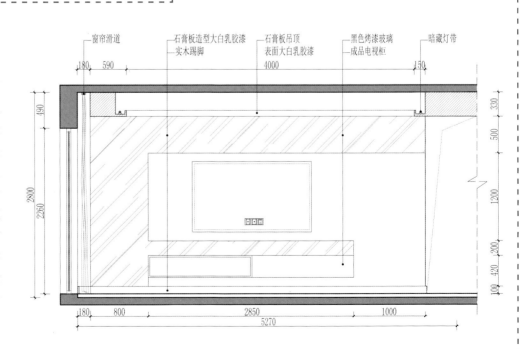

设计要点

在都市中尽享恬静悠然的家居空间意境，本案把欧式田园与传统的中式元素巧妙地融入了现代的设计中，独具品位。平面布置上也充分考虑了室内外环境相结合，通过宽大的落地窗，室外的景观尽收眼底，同时室内的绿植与厚重的实木家具将窗外的绿意延伸至室内，让人产生室内外空间互为一体的惬意感受。简洁的装饰造型、自然纯朴的材料、柔和的色彩，让空间气氛轻松融洽，天花古铜色铁艺吊灯的点缀为室内典雅的气质起到了衬托的作用。

▶ 自然质朴的墙面造型设计

自然质朴的墙面造型设计可直接铺贴壁纸或者墙面绘画，壁纸一般可选用色彩淡雅的如米黄色、淡红色的壁纸，要注意整体空间的色调氛围及色调统一；墙面绘画应按照主人的喜好决定，一般可以绘制单色或双色的淡雅的花草树木，不宜色彩过于浓烈，由于墙面绘画要有专业美术基础，所以请专业人员或者公司进行较为妥当。

悬挂式墙饰最为常见的是字画、挂历、照片等，此外，较为人们喜爱的可以是挂碟、壁挂织物、壁挂艺术品等。合理的墙面布置对整个客厅的装饰效果有着画龙点睛的效果。如果客厅宽敞。可以用布幔来美化墙壁，采用与室内沙发布、床罩面料相同的织物，从天花到踢脚线，采用打褶的方法将四面墙围起来，这个装饰方法十分温馨，与周围有浑然一体的格调。

设计要点

以花纹黑镜和白墙为基底，利用肌理涂料粉刷成一面立体感极强的主电视墙。肌理涂料触感柔和细腻，弹性较好，具有亲和力。肌理漆浮雕涂饰的中层涂料应颗粒均匀，用专用塑料辊蘸煤油或水均匀滚压，厚薄一致，待完全干燥固化后，才可进行面层涂饰，面层为水性涂料应采用喷涂，溶剂型涂料应采用刷涂，间隔时间宜在 4 小时以上。

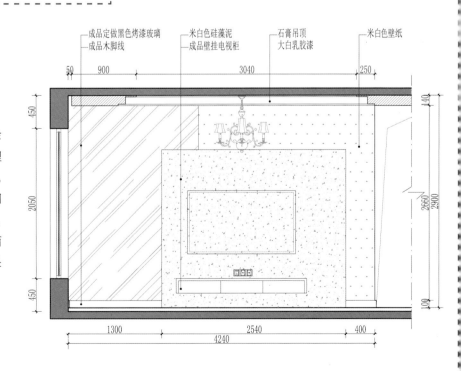

成品定做黑色烤漆玻璃
成品木脚线
米白色硅藻泥
成品壁挂电视柜
石膏吊顶
大白乳胶漆
米白色壁纸

50　900　3040　250

450　2050　450

40　2660　2900

1300　2540　400

4240

设计要点

　　木条密排的木饰面板与石膏板拼接构成一个独立的壁龛，加入射灯的渲染形成背景墙上一道亮丽的风景线。灯光为居室增添多彩缤纷的视觉美感，增加空间层次，可以对环境起到非常好的装饰效果。现在常用 LED 灯带做背景灯，灯带本身约 1cm 宽，背景墙和墙面之间一般大于 5cm。暗藏灯带一般选用暖白色，这种光色介于黄光和白光之间，光色舒适，高度适中，产生温馨舒适的感受。

▶ 如何为简约风格的背景墙挑选壁纸

　　在简约风格的客厅空间中，壁纸的图案不宜过大，因为图案过大反而显得空间狭小，如果选择具有包含某种文化信息的连续纹样的壁纸，就一定要具有某种风格的倾向性，最好要有专业设计师的指导。选择以线条为图案的壁纸可以调节房间的高宽比例，扁平的房间应选用竖线条的壁纸，高而窄的房间宜选用横线条的壁纸。简约风格的空间选择壁纸图案不要过于清晰，以含蓄、朦胧为好，因为过于抢眼的图案和纹理会令空间界面失去重点，看上去眼花缭乱，不利于整体空间的和谐感。在门店选择壁纸的时候，很多人会担心画册上的颜色与实际铺贴效果有差别，认为壁纸大面积铺贴出来的效果会与实际铺贴的感觉有差别，其实铺贴效果与室内光线有关，若光线强，颜色则会浅一些，光线弱，颜色则会深一些。其实颜色差不会太大，所以选择喜欢的款式即可。

设计要点

以柚木饰面板和镜面的搭配作为底板，附上白色木饰面板，其不规则的线条组合产生优美的律动性和韵律感，在增添墙面立体感的同时也保证了空间的格调，多种质感的巧妙组合产生丰富多变的视觉装饰效果。饰面板施工比较简单，流程主要包括：弹线—检查预埋件—主筋定位—横撑安装—横撑加固—基层面板安装—面板安装—盖木条—踢脚板安装。

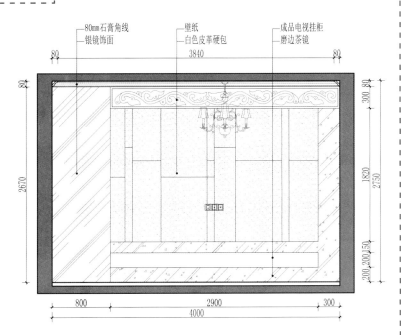

▶ 简约沙发背景墙的装饰法

沙发背景墙要做到简约而不失风格，需要合适的材料与恰当的配饰。那么，如何选择与设计呢？

涂料：刷涂料是对墙面最简单也是最基本的处理方式。通常，要对墙面进行面层处理，腻子找平，打磨光滑平整，然后是刷涂料。墙面上部与天花的衔接处要用石膏线做阴角，墙面下部与地面的衔接处要用踢脚线收口，这样处理简洁明快，空间宽敞明亮，但略显单调，可通过挂画、照片、挂毯等饰物进行点缀。

壁纸：铺贴壁纸前，要先进行墙面处理，平整后再进行壁纸施工，如果壁纸脏了，清洁也很简单，新型的壁纸直接用湿抹布擦拭即可。

板材：墙面整体铺基层板材，外面贴上装饰面板，体现立体感的同时，不会过分华丽。也可用密度板进行整体墙面铺贴，刷漆后外表看不出是板材装修，但是细节处比墙壁更加精致。

设计要点

　　表面平滑光亮的石材在现代居室空间中成为视觉的焦点。以偏暖色调的木饰面搭配黑镜作为背板，饰以白色理石和黑镜装饰柜。巧妙的组合从色彩处理的角度体现了深浅搭配的相得益彰；多种材料融合木材、石材与黑镜的结合，木材和石材的颜色和纹理给人以独特的视觉感受，黑镜的透明质感具有极强的装饰效果，可以随光照角度不同而变幻不同的色调，显得高档神秘。

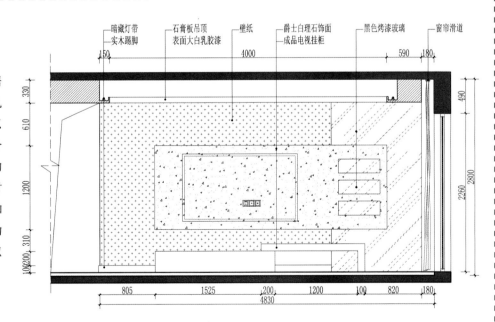

设计要点

　　古香古色的客厅设计，简约而不简单。灰调为底、水墨画为主角的背景墙设计充满了静谧的意味，整个客厅色调淡雅，给人以舒适大气的感觉。

▶ 墙格的选购与搭配

在背景墙上，使用墙板作为展示空间，简洁大方，把小的收藏品、家人的照片、植物盆栽、装饰画，甚至是自己得意的手工艺品摆放在上面，极具装饰效果。具有展示功能的隔板，造型可以有很多种，如不规则的三排隔板、"口"字形的隔板等。除了收纳小物件，隔板也可以组成一个大的收纳区。

隔板的材质有很多种，以原木为基材的隔板较为常见，另外还有玻璃、树脂、金属、铁艺、陶瓷、石材等，不同的材质体现着不同的风格。隔板的材质可依据家居风格而定，如田园风格，可选用木板配铁艺的造型支架，错落设置营造随意的氛围；现代风格可选用亮面烤漆材质的隔板，支架最好暗藏，显得有秩序且颇具现代感。

选择墙面隔板有以下几点需要注意：首先，隔板要与整体装修风格相协调；其次，隔板对墙面整体的划分应符合所处空间以及墙面的整体比例，使之协调自然；第三，要使隔板达到预期的使用功能，例如要承受较重的物品，要考虑其承重范围；第四，隔板的安装一般处于整体装修工程尾期，如果隔板自重过大或摆放物品过重，需要在施工中做好预埋件以增加承重。

设计要点

　　疏密相间的线条与抽象的圆形花瓣交相呼应，产生了线与面的最佳组合。对于异形石膏板造型的处理是整个背景墙成型最重要的过程，诸如圆形需要有经验的工人用小铲刀慢慢修出来，修出基本形状后，再用砂纸打磨一遍边缘，把边上的棱角和毛边去掉。处理过程要耐心谨慎，以免影响背景墙的整体美观性。

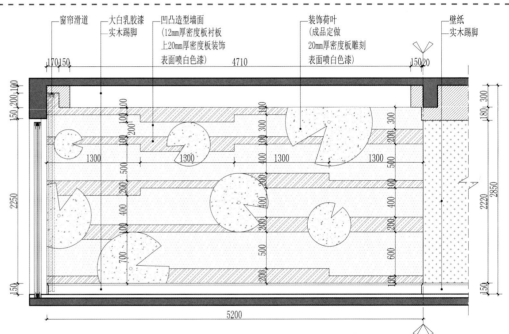

设计要点

　　黑色镜面与木饰面板所组成的电视背景墙兼具时尚与华丽之美，二者的交接处用不锈钢条作收边处理，镜面的分割方式与木饰面板保持一致，达到整体上的和谐统一，镜面的反射丰富了空间的灵动性。选择装饰画时综合考虑了新中式的设计风格，用亮丽的色彩演绎中国传统水墨画，让装饰画切实起到点睛的效果。

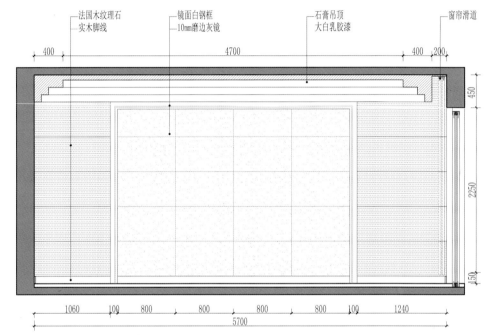

法国木纹理石
实木脚线

镜面白钢框
10mm磨边灰镜

石膏吊顶
大白乳胶漆

窗帘滑道

400　　4700　　400　200

370　2850　2330　150

450　2250　150

1060　100　800　800　800　800　100　1240

5700

⊘ 背景墙的灯光装饰

在客厅的装饰中，灯具起到了重要的作用。现在，灯具不又是照明工具，同时还起到了装饰作用，满足艺术品位等方面的诉求。在选择灯具的时候，要根据客厅的面积、高度、房间布局来确定所需要的光源体以及光源的风格和尺寸。

客厅灯具的选择方式，一般是主光源为中央吊灯，款式要大方，中央吊灯可选用传统的吸顶灯和枝形灯，同时还可增加一些向上、向下的光源，如壁灯、射灯等，这种光源可以使客厅的气氛更加温馨浪漫。如果在客厅有吊顶，在吊顶上可以放置筒灯。沙发区的灯光应为可调节明暗的强光布局，若主人喜欢山水画，可以在挂画上放置射灯，这样的组合可以使墙面、天花板、地面以及家具和装饰品的灯光冷暖、明暗和谐统一。

设计要点

　　在以黑白为主调的简约风格居室，墙面上运用了多色的条纹可以让空间色彩变得更加绚丽。壁纸是墙面装饰一个简单的选择，宽窄不一的彩色条纹可以轻松地打造出令人惊艳的背景墙，给人带来时尚的动感。另外，采用三聚氰胺免漆板拼接成横向黑白条纹的电视背景墙与竖向的壁纸纹理在空间中又形成了戏剧性的空间效果。三聚氰胺免漆板墙面装饰的施工工艺：墙面基层处理，弹线，用细木工板做衬板，拼贴三聚氰胺免漆板留3mm缝。墙上的两幅金属工艺装饰画与温暖舒适的布艺沙发的对比让整个空间都充满了活跃的音符。

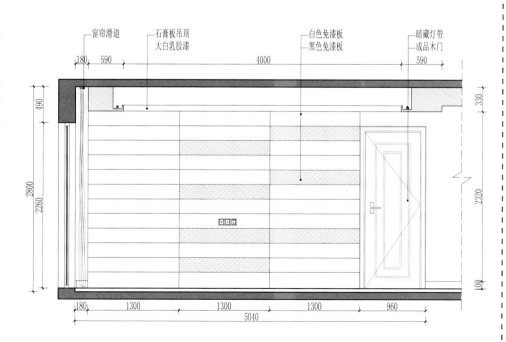

设计要点

　　沙发背景墙采用装饰硬包做背景，富于秩序感的线条将墙面有序分割，米黄色调与沙发、地面融为一体，搭配不同图案的抽象装饰画，成为客厅的视觉焦点。电视背景墙利用白色木框内贴壁纸，这样不仅可以让房间显得更加宽敞，而且在材料的选择上也与居室的整体效果相互呼应。

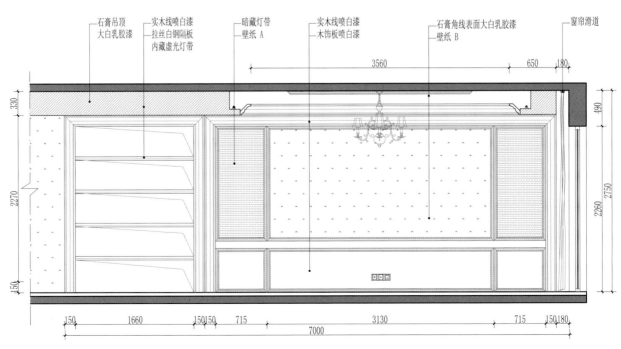

▶ 小面积客厅的背景墙设计

客厅空间是由距离、进深、高度、面积因素组成，背景墙则是视觉的焦点。小面积客厅的背景墙设计的最关键问题就是背景墙的体量要与整个客厅面积相得益彰，它的面积大小和整个客厅空间比例应协调，要考虑不同角度的视觉效果。其次还要考量其他设计细节。

1. 尽量采用浅色或光亮材质。小面积客厅设计要尽量保证充足的采光效果，因此，背景墙的选材也应尽量体现这一原则，否则会显得客厅发暗，使人觉得空间面积更小。因此，可以选择一些浅色或光亮材料作为背景墙的选材，如合理的镜子运用会在视觉上起到延伸空间的效果。

2. 小面积客厅的背景墙区域，为了节省有限的空间，在选择电器或家具时应根据空间的结构进行合理安排和选购，如电视机以体薄质轻型为好，音响设备的安装最好选择墙面或顶部，沙发、电视柜等家具也不宜体量太大、造型过于复杂。

3. 小面积客厅的背景墙在布灯的选择和设计上应主次分明，配合客厅选用的主灯，再配以落地灯、壁灯、射灯，会达到良好的空间氛围和视觉上的层次感。

背景墙上的装饰品不能太多，应以简洁、大方、温馨为主。避免在人的眼睛水平线上有过于醒目的装饰品，这样会使空间显得狭小局促。

设计要点

在客厅墙面的装修上运用黑白条纹壁纸装饰，使空间散发出冷静沉着的艺术气息，同时给空间带来一种竖向的延伸感。选择条纹壁纸的另一个优势就是"省料"，在粘贴条纹壁纸时不需要对花裁剪，可以大大节省材料的损耗，施工起来也比有图案的壁纸更简单容易，可以尝试自己动手粘贴。它的施工步骤为：清理墙面，保证墙面平整没有明显凹凸颗粒，墙表面刷一层壁纸专用基膜，根据墙的高度裁纸并注意壁纸肌理和花纹的方向，在墙和壁纸背面同时均匀刷胶，从一侧开始裱糊，用刮板撖平，最后用干净毛巾清理溢出的胶液，关闭门窗48小时避免空气流通。

设计要点

电视背景墙采用灰色壁纸呼应现代家居黑白灰的时尚风格,用反射强烈的白钢条作疏密处理,使单调的墙面富有变化的表情。铺贴壁纸时应注意:要将基层清理干净、平整,为防止壁纸受潮脱落可以涂刷一层防潮涂料,粘贴壁纸前要在处理过的基层上弹上水平线和垂直线,使粘贴时有依据,保证粘贴的质量,黏贴后擀压墙纸胶粘剂,防止气泡产生。

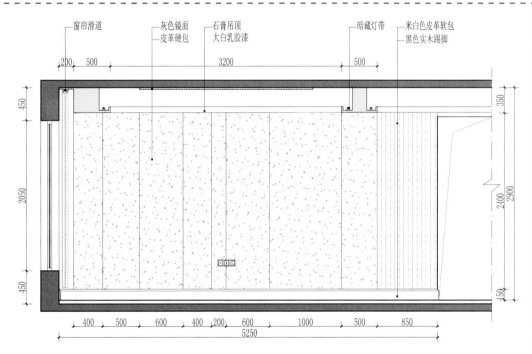

窗帘滑道　灰色镜面　石膏吊顶　暗藏灯带　米白色皮革软包
皮革硬包　大白乳胶漆　黑色实木踢脚

200　500　3200　500

450　2050　450　350　2400　2900　150

400　500　600　400　200　600　1000　500　850
5250

设计要点

　　现代简约风格的电视背景墙以简洁明快的设计手法为主调，采用常见的白色石膏板为材料，色彩与客厅的整体色调和居室风格相协调，白色代表理性、洁净，具有延展空间的视觉效果，适合空间较小的户型使用。为避免整面墙的单调进行拓缝处理，与沙发背景墙保持形式感的呼应，营造清新自然、明亮温馨的家居环境。

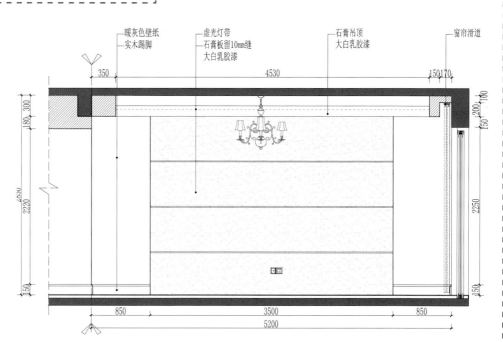

暖灰色壁纸
实木踢脚

虚光灯带
石膏板留10mm缝
大白乳胶漆

石膏吊顶
大白乳胶漆

窗帘滑道

350　　4530　　150 170

180 300　　2220　　150

2250

850　　3500　　850

5200

设计要点

选用树枝图案的壁纸满铺墙面，用黑镜和石材进行不锈钢收边处理共同装点电视和沙发背景墙，体现很强的时尚感和工业感。抽象的树枝形花纹墙纸具有现代性与传统性相结合的特性，简单高雅，非常容易与其他图案相互搭配。没有规律的图案可以为居室提供一个既不夸张又不太平淡的背景，米色与整体的空间氛围很好地协调在一起。

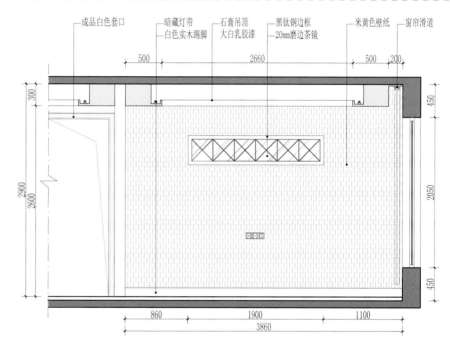

▶ 涂刷乳胶漆的两个常见问题

起泡：涂刷乳胶漆后最常见的就是起泡的问题，主要原因就是基层处理不当，涂刷过后，特别是大芯板做基层后容易出现起泡现象。防止起泡的办法就是涂料在使用前搅拌均匀，掌握好漆液的浓稠度，而且在涂刷乳胶漆前在底腻子层刷一遍107胶水，再进行修补。

反碱掉粉：反碱掉粉的主要原因是基层未干燥就潮湿施工，未刷封固底漆及涂料过稀也是反碱掉粉的重要原因。如果发生反碱掉粉应返工，将已涂刷的材料清除掉，待基层干透后再施工。涂乳胶漆前必须用封固底漆先刷一遍，特别是对新墙，面漆的稠度要适当，白色墙面应该浓稠一些。

设计要点

　　沙发背景墙采用装饰硬包，其成品需要安装在木质基层的墙面上，硬包安装时需要用枪钉固定，具体木质基层可以根据实际情况来做。木质基层通常情况下的做法有以下两种：木龙骨（30mm×50mm）以方格形式固定在需要做硬包的墙面上，上铺9mm以上的木板；用1cm以上的木芯板直接固定在墙面上。

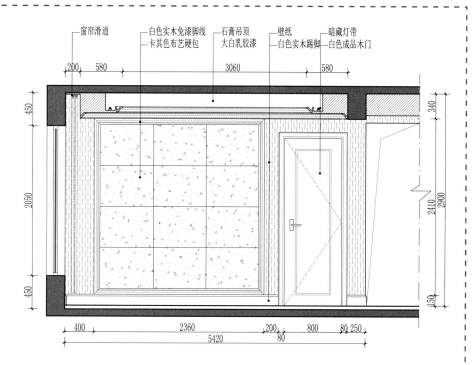

▶ 墙面的日常护理

乳胶漆墙面的日常护理：去除乳胶漆墙面的普通污渍可以使用橡皮擦拭或者用 360 号砂纸打磨，但是尽量不要采用蘸水擦洗的方法，因为容易留下水印。彩色乳胶漆墙面的擦拭力度不宜过大，否则容易露出白底，而且很难调配出原有的颜色。

壁纸墙面的日常护理：保养墙纸可以采用吸尘器清洁，如果发现特殊污渍要及时擦拭，对于耐水墙纸可以用水擦洗，洗后用干毛巾吸干即可，对于不耐水的壁纸可用橡皮擦拭或者毛巾蘸些清洁剂拧干后轻擦。

墙纸墙面的日常护理：硬质墙面主要是指瓷砖墙面或石材墙面。瓷砖或石材的墙面容易受灰尘污染，可以喷一些雾蜡水清洁保养，蜡水能在墙面表层形成透明的保护膜，更方便日常清洁。此外，根据瓷砖和石材的类别，要正确使用清洁剂，尽量避免酸碱类的化学品直接接触石材表面，引起化学反应，导致表面的颜色发生变化或影响石材的质量。

▶ 简约餐厅背景墙的装修油漆类别

简约餐厅背景墙的设计往往依靠油漆来实现，其具有防腐、防水、防油、耐化学品、耐光、耐温等功能。根据特性，将油漆分为以下四种：

大漆：又称天然漆，是经改性的快干推光漆、提庄漆，毒性低、漆膜坚韧、可喷可刷、施工方便等特点，适于高级涂装。

清漆：清漆是一种不含颜料的透明涂料。常用的有酯胶清漆、酚醛清漆、硝基清漆、虫胶漆、丙烯酸清漆等。

调和漆：调和漆的质地柔软、均匀，稠度适中，耐腐蚀且长期不开裂，遮盖力强。

瓷漆：瓷漆和调和漆一样，也是一种色漆，但是它是在清漆的基础上加入无机颜料，漆膜光滑、平整、细腻、坚硬，成品状态如同陶瓷，因而得名。

▶ 卧室背景墙与柜的搭配

　　柜式家具在卧室中承担着收纳杂物的任务，在现代家居的概念中，柜也是装饰家居环境的重要组成部分，一面漂亮的卧室背景墙如果没有外在的内容来衬托，终究也只是一个无用的装饰。在良好的家居氛围中，需要有背景墙的点缀，更需要的是具体实物的搭配，两者只有搭配和谐，才能营造出温馨舒适的生活氛围。不需要张扬的表现，也无须画蛇添足的繁复设计，所谓"过犹不及"，一切都只为"需要"而存在，一切恰到好处的搭配，都是完美家居设计的组成部分。

　　床头柜：床头柜是床的附属家具，是床的功能的延伸，可以方便日常生活，同时，也能与床连在一起，使床和柜搭配成为整体。当然，一款漂亮的床头柜本身也可以成为卧室里亮丽的风景，如果主人善于家居搭配，在床头柜上摆放一些可爱的装饰品，放一盏造型精美的台灯，在台灯的柔和光线下，加上几本书籍，顷刻间，生活的曼妙氛围溢满卧室。

　　卧室衣柜：衣柜是用来储放衣服、被褥等生活用品的家具，理想的衣柜应该是既实用又具有装饰美感的，只有这种类型的衣柜才能成为理想家居生活的必备品。打造理想的衣柜首先要从衣柜的位置来考虑。

设计要点

　　清新素雅的装饰设计，在色彩方面以蛋黄色为主，同时在局部增添了粉红色、白色，恬静、柔美、浪漫中渗透出童话中公主的气质。田园风格的白色实木家具、淡粉色碎花床品、带有蕾丝花边的白纱帷幔、玩偶摆件等清新雅致的装扮满足了少女的梦想。

⊙ 背景墙与窗帘的四种简约配色

原木色 + 白色：白色墙面搭配原木色系的窗帘，能够为家居空间营造出一种经典的简约风格，平静得如湖面一样，体现出家居业主的品位与素养。

蓝色 + 白色：宝蓝色的窗帘使人想到浪漫的爵士乐，根据色彩心理学，多看蓝色会使人情绪稳定，思考更具理性。白色的纯粹使人心胸开阔，在这种配色中生活的业主可以感到海天一色的自在与静谧。

鹅黄色 + 果绿色：鹅黄色是一种鲜嫩、青翠的颜色，果绿色使人想到健康的生命以及朝气蓬勃的大自然。鹅黄色的墙面与果绿色的窗帘搭配，很适合年轻的夫妇。

蓝色 + 橘色：蓝色系的背景墙与橘色的窗帘搭配在一起，表现出古典与现代的交融，使人们感受到现实与复古风情的协调，这两种颜色的搭配适合儿童房。

▶ 简约式墙格设计

　　几乎每一个人都是"集物控"，当面对心爱的小物件时，不惜重金将其购入，但是久而久之，没有合理地收纳，也只能弃之一旁。这时候，我们只需要几组墙格，就可以将它们合理地收纳，恰当地展示。

　　既不突兀又不杂乱的办法就是在电视上方安置一条长的置物板，可以是原木质感的，也可以是与背景墙颜色接近的，上面摆放一些旅游购置回的纪念品是再好不过了，两侧可以放置垂吊式植物，如吊兰、常春藤等，不占用过多空间，却为居室增添十足的生机。

▶ 墙面涂层开裂的解决办法

因季节原因引发的开裂，多见于天花线、门框与墙的接缝处，属于正常开裂，经装修公司修补后即可平整如新，日后不易再开裂。但是由于施工方法不当造成的墙面开裂，如用于基底的胶质量不过关则容易使腻子和墙体分离，或者抹了超过5cm 的腻子，不利于墙体水分蒸发而造成大面积开裂，这两种情况只有铲掉涂料和基底材料重新涂刷，并且要贴牛皮纸或者补缝的胶带，只有这样才能避免日后的再次开裂和浪费。

设计要点

当背景墙较为狭长时，可以对墙面进行分段处理，通过黑白灰的巧搭使各部分紧密融合在一起。以电视为中心，其底面采用砖石拼贴大理石收边，两侧对称放置了黑色透明纱帘，缓冲并柔化了砖墙的硬朗与冷峻。纱帘的左侧设计了一面载有数个画框的木质造型墙，复杂的装饰墙与简约的砖墙既有对比又有融合。

木饰板喷白漆　　　　　虚光灯带　　　　暖灰色布艺硬包　　实木线喷白漆　　石膏板吊顶
银色镜面饰面　　　　　黑色烤漆玻璃　　实木脚线　　　　　　　　　　　　　表面大白乳胶漆

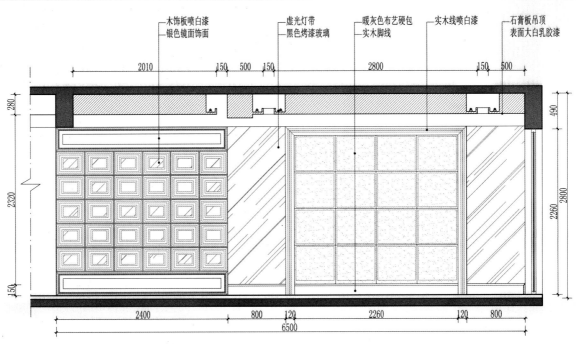

2010　　　　150　500　150　　　　　2800　　　　　150　500

280

490

2320

2800

2260

150

2400　　　800　120　　2260　　　120　800

6500

▶ 让挂画唤醒墙面的简约温馨

　　家居设计正在从一个极繁向极简的方向发展。家居的加法设计逐渐地开始偏向减法设计，正如深泽直人的设计理念——"物的八分目"所言，一切设计中只需满足人们八分的需求即可，去掉一些琐碎的东西，便成为了简约的艺术。同样，家装里的简约设计，给人空灵、清新、一目了然的视觉和心灵体验，在大家都经过极繁装饰之后，这样的家装的出现无疑是别致的生活调剂汤。可是，简约家装非常容易出现一个问题，就是化繁为简之后，家装会出现空洞和了无生气的感觉，少了许多生活痕迹，极目望去全是单调感，所以简约家装的空间通常离不开植物，而墙则通常离不开画，植物给一些角落增添了一抹盎然的生机，装饰画则给墙面整个空间增添了更多的人情味，结合起来使整个空间多出许多灵动感，使整个空间在简约之上多了一些家的温馨。简约只是风格，这些点缀的才是家装的灵魂。仿佛《人间》那组画，三两墨色，大幅留白，简约的同时，包含了一些似是而非的感悟。又如周健美的《游于心》系列，有一种畅游于心的情怀，更似那组《答案在茫茫风里》一般，可爱的简约风中带着一些禅机。用装饰画唤醒您的墙，唤醒"减法哲学"之上的人文关怀，唤醒从"风格"到"家"的本质蜕变。

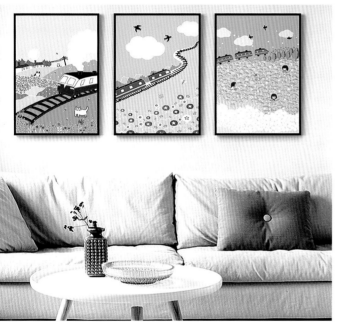

鸣 谢 Acknowledgments

- 墙蛙装饰画
- 胡狸设计室
- 3C 工作室
- DOLONG 设计
- 天天设计
- 寒泉设计

- 沈阳山石空间设计
- 胭脂设计
- 创意空间装饰
- 奉泉装饰
- 品川设计

- 威利斯设计工作室
- 沈阳方林装饰
- 大连金世纪装饰
- 营口宸麒装饰设计有限公司
- 厦门创家园设计装饰

- 卜 什
- 于 一
- 文 健
- 王 欢
- 王利昌
- 王 跃
- 王 琴
- 车正科
- 付佳兴
- 冯庆磊
- 叶臻菲
- 鸟 人
- 任丽娟
- 刘 东
- 刘 帅
- 刘玉河
- 刘兆娣
- 刘庆祥
- 刘 闯
- 刘 洋
- 刘 哲
- 刘振壬
- 刘晓会
- 刘唯民
- 刘朝阳

- 刘耀成
- 孙 鹏
- 安 东
- 导火牛
- 何云峰
- 何旭星
- 何炳文
- 何 畔
- 何 群
- 吴文进
- 吴 锋
- 宋富鑫
- 张 伟
- 张兆阳
- 张 华
- 张富强
- 张 新
- 李正杨
- 李守奇
- 李利军
- 李 凯
- 李倩倩
- 李晓乐
- 李 浩
- 李润明

- 李培林
- 杨志辉
- 汪 桃
- 沈智杰
- 沙 威
- 苏 越
- 陆 枫
- 陈汉武
- 陈晓丹
- 周 扬
- 周 周
- 周 健
- 周 翔
- 周鹏达
- 孟 旭
- 孟红光
- 林志明
- 林耀明
- 欧高斌
- 郑钏杰
- 郑 葳
- 郑超群
- 姜 鑫
- 赵学平
- 郝 建

- 夏璐鑫
- 徐云飞
- 莫少宝
- 袁 野
- 贾冠楠
- 贾峰云
- 郭宏伟
- 郭 铎
- 顾忠诚
- 崔海波
- 曹成成
- 黄 岩
- 葛云龙
- 谢方明
- 谢 展
- 管 杰
- 蔡振伟
- 赫 子
- 穆 铮
- 戴文强
- 魏晓帅
- 魏 童
- 祝建深